科学能救命

像鲁滨逊一样生活

[英]费利西娅·劳 [英]格里·贝利 著 [英]莱顿·诺伊斯 绘 苏京春 译

中信出版集团｜北京

图书在版编目（CIP）数据

像鲁滨逊一样生活 /（英）费利西娅·劳,（英）格里·贝利著；（英）莱顿·诺伊斯绘；苏京春译. -- 北京：中信出版社, 2022.4
（科学能救命）
　　书名原文：Stranded on an Island
　　ISBN 978-7-5217-4132-2

Ⅰ.①像… Ⅱ.①费… ②格… ③莱… ④苏… Ⅲ.
①岛—探险—世界—少儿读物 Ⅳ.① N81-49

中国版本图书馆CIP数据核字（2022）第044650号

Stranded on an Island by Felicia Law
Copyright © 2015 BrambleKids Ltd
Simplified Chinese translation copyright © 2022 by CITIC Press Corporation
All rights reserved.

本书仅限中国大陆地区发行销售

像鲁滨逊一样生活
（科学能救命）

著　　者：[英]费利西娅·劳　[英]格里·贝利
绘　　者：[英]莱顿·诺伊斯
译　　者：苏京春
审　　订：魏博雯
出版发行：中信出版集团股份有限公司
　　　　　（北京市朝阳区惠新东街甲 4 号富盛大厦 2 座　邮编　100029）
承 印 者：北京联兴盛业印刷股份有限公司

开　　本：889mm×1194mm　1/20　　　印　　张：1.6　　　字　　数：34 千字
版　　次：2022 年 4 月第 1 版　　　　　印　　次：2022 年 4 月第 1 次印刷
京权图字：01-2022-0637　　　　　　　　审 图 号：01-2022-1390
书　　号：ISBN 978-7-5217-4132-2　　　此书中地图系原文插图
定　　价：158.00 元（全 10 册）

出　　品：中信儿童书店
图书策划：红披风
策划编辑：黄夷白
责任编辑：李银慧
营销编辑：张旖旎　易晓倩　李鑫橦
装帧设计：李晓红

版权所有·侵权必究
如有印刷、装订问题，本公司负责调换。
服务热线：400-600-8099
投稿邮箱：author@citicpub.com

目 录

乔的故事

你们好！我叫乔。

我准备为你们讲一个故事。

那是一场真正的探险！

我站在一座荒无人烟的小岛上，周围是无边无际的海洋。虽然我知道总会有什么人在某个时候来接我的，但在那之前，我必须自己生存下去。

我成功地生存了下来，这多亏了我所掌握的科学知识，以及我读过的一本关于鲁滨逊·克鲁索的好书。

当然，这是一个长长的故事。我已经迫不及待要讲给你听了……

我怎么会一个人滞留在一个岛屿上呢？

好吧。那天早晨我是从陆地出发的，我划船到离海岸不远的一个岛屿。起初一切都很顺利，直到——咔！嚓！

我的船撞上了珊瑚礁。

就在那一瞬间，海水灌了进来，而我必须保证自己的安全。

岛屿是什么

海底有着我们能够在陆地上看到的一切——山谷、山峰、火山——只不过，它们都位于海洋的深处，所以我们从海面上几乎是看不到这些东西的。

然而，有的时候，水下山脉的山峰可能会在海浪中凸出来。这些山峰就在海洋之中形成了一座单独的岛屿，或者成群的岛屿。

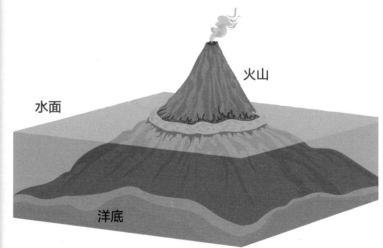

火山

水面

洋底

岛屿遍布世界各大洋

群岛

许多岛屿分布在一起，我们称它们为群岛。印度尼西亚就是世界上最大的群岛国家。它由大约 17 508 个大小岛屿组成。

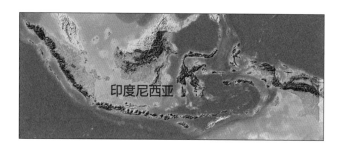
印度尼西亚

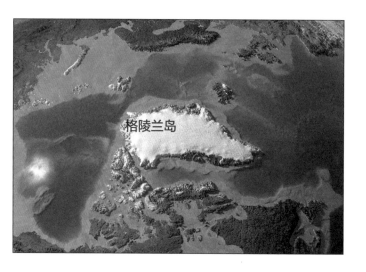
格陵兰岛

世界上最大的岛屿就是靠近北极的格陵兰岛。它的面积超过了 200 万平方千米。然而，大多数岛屿要小得多。

太平洋上的科隆群岛也是一个群岛。这些岛屿上生活着加拉帕戈斯象龟。

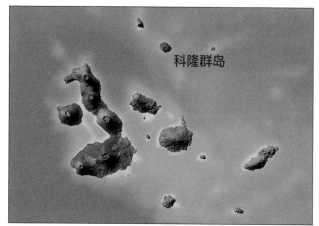
科隆群岛

我当然应该想到的！珊瑚通常就藏在海浪下面，我们往往看不见它们。它们长得参差不齐，并且相当锋利。

但我还是撞上了它们，于是我的船就漏水了，后来变成一只海岛边的沉船。我就像鲁滨逊·克鲁索一样。你听说过这个故事吗？

环礁

环礁是由珊瑚构成的一种环状珊瑚礁或海脊。珊瑚是那些死去的珊瑚虫的外骨骼组成的。珊瑚往往会围绕着海底火山生长形成一圈，并逐渐向上生长，一直长到我们在海面能隐隐约约地看到它们。

珊瑚礁环绕形成的一个环形的水域，称为环礁湖。

环礁是如何形成的

一座火山从海底喷发

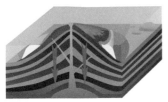

珊瑚生长在海底火山周围

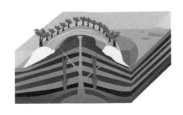

珊瑚上开始生长植被

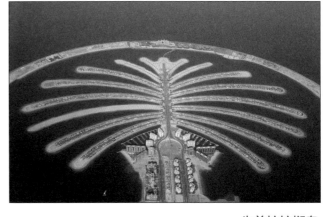

朱美拉棕榈岛

环状珊瑚礁

人造岛屿

大多数岛屿是自然形成的，但也有一些是人造的。这些人造岛屿可以为建造机场、住宅或工厂提供额外的土地。

朱美拉棕榈岛就是建在迪拜海岸的一座十分令人惊叹的人造岛群。它的形状像一棵棕榈树，通过一座桥与大陆相连。

《鲁滨逊漂流记》曾是我最喜欢的故事书。它是大约300年前由丹尼尔·笛福撰写的，讲述了一个水手在无人的荒岛上如何顽强地生存下来的故事。

鲁滨逊·克鲁索必须学会如何在荒岛上独立生存。他做到了！并且在岛屿上独立生存了近28年！

他建造了一个有围墙的房子；他去打猎；他种植大麦和稻谷，还养了一些山羊。

鲁滨逊最终是被海盗救出来的。但被救的时候，他已经有了同伴。

有一天，他在岛屿的沙滩上发现了脚印。这时他才知道岛屿上原来不止他一个人！还有食人族——他们是真的会吃人的——也已经来到了这个岛屿上！

鲁滨逊勇敢地解救了他们带来的一名俘虏，并为他取名"星期五"，因为他就是在那一天被发现的。

鲁滨逊做的第一件事就是探索这个新地方。我也这么做了。首先我得去寻找食物。

岛上的居民把椰子树叫作"生命之树"，因为它的果实非常健康。椰子富含维生素和矿物质，比如钙，能够帮助我们的骨骼生长。

这个岛上到处都是椰子！

岛屿上的植物

一旦一个岛屿覆盖了土壤，它就会成为植物的家园。植物会以种子的形式到达这个岛屿，而这些种子通常就在鸟的羽毛上或胃里。还有一些种子是被风吹过来的，或者是能够漂浮在海面上，然后再沿着海岸线扎根生长。

椰子就是这样。它们漂浮到岸边，然后沿着海岸线扎根生长

海草

红树林植物的根很长

香蕉

　　大多数植物不能在盐水中生存，因为盐会阻止水分流向植物的叶子。但还是有一些植物做到了，比如海藻和红树林植物群落。海藻能够形成皮肤状的屏障，从而阻止盐进入它们的根部。而一些红树林植物则能利用叶子中的特殊部位去除盐分。红树林植物多长着长长的根，这些根可以钻到沙子中，然后再从沙地中长出来，从而通过根去获取更多的淡水。

9

就像鲁滨逊一样，我需要建造一个庇护所。我认为最好选在一个可以眺望大海的地方，可以看到任何可能经过的船只。

我还需要靠近淡水。

所以，就像鲁滨逊一样，我用木桩作为墙壁的支撑物，并将其打入地下，建造了自己的庇护所。我用竹子做了屋顶。最后我又用多叶的树枝和草覆盖住整个建筑物。

这个海边的房子是用甘蔗秆和椰子叶做的屋顶搭建的

岛屿上的动物

　　岛屿上的植物和动物往往具有一些与众不同的特征，因为它们一直远离其他动物，当然也包括人类。科隆群岛的巨型龟就是一个很好的例子。它们体形巨大，可以生存 100 多年。

　　多数龟生活在陆地上，但是海龟却几乎一直生活在水里。雌海龟需要上岸产卵。它们会挖一个很深的洞，在一个洞里产卵的数量可以多达 200 枚。然后它们把这些卵用沙子覆盖好，再返回海洋。小海龟大约在两个月后孵化出来，并会迅速前往相对安全的海域。

加拉帕戈斯象龟

海鬣蜥是唯一一种生活在陆地上但以海洋生物为食的蜥蜴

蓝脚鲣鸟生活在陆地上，但在海里觅食

加拉帕戈斯招潮蟹颜色鲜艳

刚孵出的小海龟急匆匆地向大海爬行

军舰鸟

珊瑚礁

一些岛屿是由珊瑚礁形成的。珊瑚是一种微小的管状动物，被称为珊瑚虫，每个珊瑚虫都会在其表皮内外生长出以碳酸钙为主要成分的骨骼。珊瑚虫群体中的每个水螅体在其皮肤下都长有一个由石灰石构成的骨架。

珊瑚礁看上去就像一个美丽的海洋花园。许多奇妙的植物和动物，包括彩色的鱼，生活在珊瑚礁里或者周围。

珊瑚的骨骼会形成各种奇妙的形状，如，似卷曲的叶子、花边扇子或小管子等。海星和海藻生活在珊瑚中。还有长相奇特的热带鱼沿着珊瑚游来游去寻找食物。其中包括美丽的天使鱼、满身条纹又多刺的狮子鱼和小海马等。

蝴蝶鱼和其他种类的珊瑚礁鱼

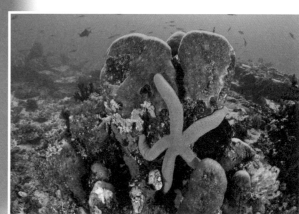

蓝色海星

海马

如何捕鱼

    褐鹈鹕是聪明的捕鱼者。它们有一个巨大的喙，还有一个超过 1 米长的喉囊。它们的大翅膀展开后翼展可达 2 米，能够帮助它们在海风中轻松滑行。

    它们在海面上滑行，然后跳入水中，用袋状的喙舀出多达 9 升的水。接着，水会从嘴的两侧被排出，而困在嘴里的鱼就会被它们吃掉。

    用这种方式捕鱼显然很难学，但是不学会这种技能，幼鸟是无法生存下来的。

我观察了鹈鹕一段时间。它们可真聪明。但是我不能像它们一样跟着鱼潜入水中，而且我也不能像它们一样把海水排出去。

然而，我可以做一支矛。

我在浅水处发现了一块岩石，并占据了这个有利位置。我举起长矛，静静地看着，直到一个影子在水里移动——然后我就展开攻击！

最后，我捕到了鱼。

我需要把鱼做熟再吃。这也就意味着我要生火。

鲁滨逊有一把步枪，步枪里面有一颗燧石。燧石是一种坚硬的石头，可以用来产生火花。可我没有那种东西！

1. 要做摩擦生火的工具，你需要两根木棍。再在竖直的棍子下面放一些干草，作为引燃物

2. 在竖直的木棍上切一个凹槽，然后就"磨"或者说"擦"它，即在凹槽处上下摩擦另一根木棍

3. 这将使木棍温度升高，并最终点燃引燃物

所以我用比较难的方法来生火——利用摩擦产生的热量。

18

摩擦

把两个物体放在一起摩擦，它们之间就会有摩擦力。摩擦力是一种试图使运动的物体减速的力。光滑表面之间的摩擦力比粗糙表面的小。

然而，所有摩擦都会产生热量。两个物体相互摩擦，它们就会逐渐升温。如果你把一根尖头的棍子在另一块木头上的洞里不停地摩擦，就可以产生足够的热量来点燃一根干树枝或一堆干草。

肯尼亚的马赛人利用摩擦生火

食物经过烹饪会变得更好吃并且更容易消化。现在的人们认为把食物煮熟是理所当然的，但在人类会使用火之前，所有的食物都是生吃的。

也许是鱼的气味吸引了他们……

总之，在第二天早晨，就像鲁滨逊一样，我就已经知道昨天晚上曾有不速之客来访。

脚步声从我的家里传了出去，穿过沙滩，一直传到了远方。那是人类的脚步声！

这个岛上原来也并不是只有我一个人！

我向海滩四处张望。没有任何人，但我还是敏锐地感觉到，有什么人在默默地注视着我。

正如我感知的那样！我一转身，便看见一个人在浅水处撒网。他轻轻地把渔网拖上岸，鱼被困在了渔网里。然后他收了网，挥手叫我过去。

我难道也找到了自己的"星期五"吗？原来，这位当地渔民是汤五。

一个渔夫正在海滩上解开他的网

21

他告诉我，他经常来这个岛上钓鱼。我很幸运，因为现在他可以用他的渔船把我带回大陆去，在那里，我就可以重新回归我的队伍了。

但首先他要给我看一下这个岛上在 3 000 年前就已经制造出来的东西。因为那是他的祖先造出来的，他的祖先在很久以前，就首次登陆了这些岛屿。

岛屿上的人

太平洋上被称为波利尼西亚和美拉尼西亚的岛屿，最初就是由乘坐大型独木舟抵达的亚洲海员发现并定居的。他们进行了近 4 000 千米的惊人航行。

　　复活节岛是有人居住的最偏僻的岛屿之一。该岛有自己的文化，包括该地区的神秘图案。还有一些岩石和木雕，展示了人们是如何跳舞和演奏音乐的。

　　但该岛最神秘的应该是被称为"摩艾"的巨石雕刻。它们呈现的是古代波利尼西亚祖先的精神。这些雕刻中，大多数人都背对大海，面向村庄，以表示它们在保护人民。它们最初是在采石场被雕刻出来的，然后人们徒步拉着它们，或者可能使用了类似雪橇的工具，又或者通过滚动前进的方式，最后把它们运送到了海岸边。

汤五答应用他的渔船带我回大陆。然而，在我们离开之前，他会帮我共同搜寻这个岛屿。

他会带我去寻找一些稀有植物，并告诉我在哪里可以采集到种子带回去。

稀有植物

为什么岛上的生物在别的地方找不到？因为这些植物是这个岛屿上的本土植物。

例如，科隆群岛上的所有植物和动物最初都来自其他地区，但是它们到达这个岛屿的过程是很漫长的。而在群岛存在的 300 万年中，每 10 000 年才会有一个新物种来到这里。

因为该岛上的本土植物在别处都找不到，所以它们都弥足珍贵。

为什么乔会在岛屿上

像乔这样的科学家，他们会到这些岛屿上来，研究当地的种子，并试图找到植物最初的样子和传播方式。他们还收集了在那里发现的种子样本。

植物对人类至关重要。它们为我们提供呼吸所需的氧气、食物、衣物甚至药物。因此，科学家正在建立种子库。

种子保存在强大的冷却装置中，冷冻保存

他们正在保存和冷冻种子，以便在某些作物死亡或被破坏的情况下还能够得以被重新种植。冷冻小麦、大麦和豌豆的种子可以持续保存长达 1 000 年。

现在全世界大约有 1 400 个种子库。最著名的是挪威的斯瓦尔巴全球种子库。

词汇表

群岛

与大陆分离的一组岛屿，有时会呈链状分布。

环礁

环礁是海洋中呈环状分布的珊瑚礁。中间有封闭或半封闭的潟湖或礁湖。

摩擦

摩擦是两个表面接触并相对运动的一种行为，这会使它们升温，并且减慢相关运动部件的速度。

科隆群岛

一个由 18 个主要岛屿组成的群岛，离南美洲西海岸不远。这些岛屿以其野生动物而闻名。

栖息地

物理和生物的环境因素的总和，包括光线、湿度、筑巢地点等，所有这些因素一起构成适宜于动物居住的某一特殊场所。

环礁湖

环礁湖是一种浅的咸水湖，是由珊瑚礁围成的潟湖。

石灰岩

一种岩石，经过数百万年的沉淀，由灰尘、泥土和其他岩石碎片被压成层而形成。

海底

海洋下的陆地表面，以山谷和山脉为标志，与上面的陆地相同。

鲁滨逊·克鲁索

丹尼尔·笛福故事中荒岛求生的英雄。

海平面

海面的平均高度。

斯瓦尔巴全球种子库

世界上最大最重要的种子收藏地。它坐落于斯瓦尔巴群岛中，一个十分偏远的岛屿上的一座山的深处。

火山

火山灰、岩石和蒸汽从地表喷出时形成的小山或山脉。

《每个生命都重要：身边的野生动物》

走遍全球 14 座大都市，了解近在身边的 100 余种野生动物。

《世界上各种各样的房子》

一本书让孩子了解世界建筑史！纵跨 6 000 年，横涉 40 国，介绍各地地理环境、建筑审美、房屋构建知识，培养设计思维。

《怎样建一座大楼》

20 张详细步骤图，让孩子了解我们身边的建筑学知识。

《像大科学家一样做实验》（漫画版）

超人气科学漫画书。40 位大科学家的故事，71 个随手就能做的有趣实验，物理学、数学、天文学等门类，锻炼孩子动手、动眼和思考的能力。

《人类的速度》

5 大发展领域，30 余位伟大探索者，从赛场开始了解人类发展进步史，把奥运拼搏精神延伸到生活之中。

《我们的未来》

从小了解未来的孩子更有远见！26 大未来世界酷炫场景，带孩子体验 20 年后的智能生活。